COMPTE-RENDU

DES CONCOURS

DU

COMICE AGRICOLE DE SEINE-ET-OISE,

EN 1835,

A Champagne et à Grignon.

VERSAILLES,

IMPRIMERIE DE MONTALANT-BOUGLEUX, AVENUE DE SCEAUX, N.° 4.

1835.

COMICE AGRICOLE DE SEINE-ET-OISE.

COMPTE-RENDU

DES CONCOURS

DU

COMICE AGRICOLE DE SEINE-ET-OISE,

EN 1835,

A Champagne et à Grignon.

Le bureau du Comice agricole de Seine-et-Oise a l'honneur d'adresser à MM. les membres, le Compte-Rendu des concours qui ont eu lieu en 1835, à Champagne et à Grignon, et de leur faire connaître la situation morale et financière du Comice.

Le Comice agricole de Seine-et-Oise, fondé en 1834, autorisé par le gouvernement le 24 octobre de la même année, comptait, lors de la première formation, 240 souscripteurs : ce nombre s'est accru depuis ; aujourd'hui il s'élève à 296. L'effet produit par les concours qui ont eu lieu cette année, le grand nombre de spectateurs attiré par ces solennités, l'influence qu'elles doivent exercer sur les agents immédiats de la culture, nous mettent à même d'espérer pour l'année prochaine un plus grand nombre de souscripteurs ; les soins empressés de M. le préfet ont secondé nos travaux ; nous comptons parmi nos membres les administrateurs du département ; nous les voyons figurer sur nos listes avec d'autant plus de satisfaction, que c'est pour nous la preuve de l'intérêt qu'ils portent à la prospérité de l'agriculture, dont l'importance est enfin comprise comme elle doit l'être. Les personnes qui n'ont pas senti toute la portée de l'établissement d'un comice, reconnaîtront combien son influence peut avoir d'effet, sur-tout si les efforts de chacun sont dirigés vers un but commun, qui doit être *la prospérité de l'agriculture et le bien-être des agriculteurs.*

Tous nos travaux concourent à cette fin. En récompensant la moralité nous formerons des hommes qui seconderont utilement les cultivateurs ; en accordant des primes aux plus beaux bestiaux, nous formerons de plus belles races, et sur-tout nous en répandrons l'usage. Les luttes d'habileté nous feront connaître les bons instruments, et si ce mode nous manquait, nous aurions encore pour les apprécier les prix que nous donnons aux charrues et instruments aratoires, de quelque pays qu'ils soient. Les prix d'horticulture, de culture nouvelle et de meilleure culture, nous apprendront quelles plantes nous devons cultiver de préférence et quelles places elles devront occuper dans nos assolements.

Nous devons espérer par nos concours, attirer l'attention générale sur des choses vraiment utiles; fixer les agriculteurs sur les bestiaux et instruments aratoires qu'ils doivent employer de préférence, et, ce qui est encore plus important, sur les assolements les plus profitables à une bonne culture, tant sous le rapport pécuniaire, que sous celui de la production des bestiaux et des engrais.

Les comices seront nécessairement appelés à éclairer le gouvernement sur les mesures à prendre dans l'intérêt de l'agriculture, imitant en cela les chambres de commerce; et certes les conseils qu'ils pourraient donner émanant d'un grand nombre de personnes aptes à juger ce qui est favorable ou nuisible aux intérêts agricoles, acquerrait sans aucun doute un grand poids, et devrait attirer la sérieuse attention des hommes placés à la tête de l'administration. C'est aux comices, aux sociétés d'agriculture, et à l'esprit d'association qui les dirige, appartient d'améliorer le bien-être des classes agricoles, en propageant tout ce qui avance la science, en faisant comprendre aux grands propriétaires l'avantage des longs baux, en appelant l'attention du gouvernemeut sur questions qui peuvent intéresser l'agriculture, et en lui indiquant les moyens les plus propres à favoriser cet art utile. Ces moyens sont une bonne viabilité; des lois rurales en harmonie avec les progrès sociaux; un système hypothécaire qui rende les transactions plus faciles , et attire vers l'agriculture les capitaux qui lui manquent; des fermes-modèles pour que la jeunesse puisse y recevoir l'instruction agricole, et enfin un système de douanes qui assure au producteur un débouché avantageux de ses produits.

Ces questions sont essentiellement de la compétence des comices et des sociétés d'agriculture. C'est sur ce terrain des faits qu'ils peuvent rendre d'immenses services; ils auront bien mérité de l'agriculture s'ils deviennent la véritable représentation des intérêts du sol et de ceux qui l'exploitent.

MORALITÉ.

Pour les deux concours quarante certificats ont été adressés dans le délai fixé par le programme. Trois autres sont venus trop tard; un de ces derniers annonçait 50 années de service.

COMMIS DE FERME.

Quatre demandes ont été faites. La moyenne des années de service était de 27 ans et demi, le plus 42, le moins 13.

CHARRETIERS.

Treize demandes ont été faites pour des charretiers. La moyenne des années de service était de 27 ans et demi, le plus 42, le moins 8.

BERGERS.

Dix demandes ont été faites pour des bergers. La

moyenne des années de service était de 26 ans, le plus 27, le moins 10.

BATTEURS.

Sept demandes ont été faites pour des batteurs. La moyenne des années de service était de 31 ans, le plus 45, le moins 20.

SERVANTES DE FERME.

Quatre demandes ont été faites pour des servantes de ferme. La moyenne des années de service était de 22 ans, le plus 33, le moins 11.

VACHERS.

Une seule demande a été faite pour un vacher qui avait douze années de service.

Une demande a été faite par un homme dont les services ne sont pas désignés par le programme ; il avait quinze années de service.

Lors de la distribution des prix au concours de Champagne, M. le secrétaire-général du ministère du commerce ayant annoncé que le ministre mettait à la disposition du comice une médaille en or, pour récompenser la personne qui en aurait été jugée la plus digne ; le bureau, après avoir consulté MM. les jurés, a décidé que cette médaille serait donnée au premier prix de moralité. Au concours de Grignon, M. le duc d'Orléans, présent à la distribution des prix, a donné une médaille en or au premier prix de moralité.

COMMIS DE FERME.

Les prix suivants ont été décernés :

A Champagne.

1.er Prix : Une médaille en or donnée par M. le ministre du commerce à (Pierre) Ligneau, commis de ferme chez M. de Cauville, à la Martinière, canton de Palaiseau, pour 30 années consécutives de service, son zèle et sa bonne conduite.

2.e : Une mention honorable à Sorret (Nicolas), commis chez M. Dubourg, à Bretigny, pour 14 ans de bons services.

A Grignon.

1.er Prix : Une médaille en or donnée par M. le duc d'Orléans, à Jourdain (Jacques), âgé de 56 ans, commis de ferme chez M. Pluchet, à Trappes, pour 42 ans de bons services.

2.e : Une médaille en or à Loret (Blaise), commis de ferme chez M. Pigeon, à Palaiseau, pour 26 ans de bons services, son zèle et sa bonne conduite.

3.e : Une mention honorable à Chemin (Jean-Louis), commis de ferme chez M. Boullenois, à Valenton, pour 25 ans de bons services dans la même maison.

CHARRETIERS.

A Champagne.

1.er Prix : Une médaille en argent et 100 fr., à Des-

A Grignon.

1.er Prix : Une médaille en argent et 100 fr., à Tillet

À Champagne.

places (Charles-Denis) charretier chez M. Prévost, pour 29 ans de bons services dans la même ferme.

2.e : Une médaille en argent et 75 f., à Boëte (Louis-Auguste) charretier chez M. Petit, à Fromenteau, pour 26 ans de bons services dans la même ferme, et pour sa piété filiale envers sa vieille mère infirme.

3.e : Une médaille en argent et 50 fr., à Rognon, (Étienne-Mery) charretier, à Tigery, pour 33 ans de bons services, dont 12 à la ferme de la Tour et 21 à celle de Tigery.

4.e : Une mention honorable à Janvier (Ambroise), âgé de 50 ans, charretier chez MM. Giffard et Dupain, pour 26 ans de bons services dans la ferme d'Osmoy, et 9 ans dans celle du Pavillon, même commune.

À Grignon.

(Honoré), âgé de 76 ans, charretier chez M. Ducrocq, à Roissy, pour 42 ans de bons services dans la même ferme.

2.e : Une médaille en argent et 75 fr., à Boucher (Louis-Etienne), âgé de 83 ans, charretier chez M. Maurice, à Massy, pour 32 ans de bons services non interrompus dans la même ferme.

3.e : Une médaille en argent et 75 fr., à Mercier (Nicolas-François), charretier chez M. Boullenois, à Valenton, pour 26 ans de bons services et son rare désintéressement, ayant neuf enfants, et en outre à sa charge depuis quatorze ans un enfant né de parents anglais, qui lui a été abandonné en nourrice.

4.e : Une mention honorable à Gemy (Joseph),

A Champagne.

A Grignon.

charretier chez M. de Cauville, à la Martinière, pour 30 ans de bons services dans la même ferme.

BERGERS.

A Champagne.

1.er Prix : Une médaille en argent et 100. fr., à Lesage (Augustin), berger chez M. Mutel, à Goussainville, pour 35 ans de bons services dans la même maison.

2.e : Une médaille en argent et 75 fr., à Leplat (Antoine), berger chez M. Bonfils, à Crosne, pour 37 ans bons services dans la même ferme.

3.e : Une médaille en argent et 50 fr., à Girondon (Jean-Denis), berger chez M. Piot, à Wissous, pour 35 ans de bons services dans la même ferme.

4.e : Une mention honorable, à Porché (Louis),

A Grignon.

1.er Prix : Une médaille en argent et 100 fr., à Baboin (Louis-Étienne), âgé de 55 ans, berger chez M. Rabourdin, à Saint-Hilarion, pour 35 ans d'excellents services dans la même ferme.

2.e : Une médaille en argent et 75 fr., à Malot (Louis), berger chez M Fournier, à Athis, pour 26 ans de bons services ladans même ferme.

3.e : Une médaille en argent et 50 fr., à Mallet (Michel), âgé de 43 ans, berger chez M. Hénaut, à Fontenay, pour 26 ans de bons services dans la même ferme.

A Champagne.

âgé de 39 ans, berger chez M. Perineau, à la ferme de la Grange-Colombe, commune de Rambouillet, pour 20 ans de bons services dans la même maison.

5.e : Une mention honorable à Myron (Jean-Pierre-Baptiste), âgé de 20 ans, pour 10 années de services consécutifs et pour la régularité de sa conduite.

A Grignon.

4.e : Une mention honorable, à Teton (Antoine-Denis), âgé de 32 ans, berger chez madame veuve Moreau, à Saclay, pour 17 ans de bons services.

BATTEURS.

A Champagne.

1.er Prix : Une médaille en argent et 50 fr., à Cosson (Jean-Baptiste-Gabriel), âgé de 70 ans, batteur en grange chez M. Marcou, pour 35 ans de bons services dans la même ferme.

2.e : Une médaille en argent et 50 francs, à Hébert (Louis), âgé de 75 ans, batteur chez M. Duval, à Orangis, pour 32 ans de bons services, dont 20 chez le

A Grignon.

1.er Prix : Une médaille en argent et 50 fr., à Hyard, (Louis), âgé de 60 ans, batteur chez M. Fessard, à Gonnesse, pour 45 ans de bons services dans la même ferme, sous trois maîtres différents.

2.e : Une médaille en argent et 50 fr., à Leroi (Thomas), batteur chez M. Degéneté, à Guyancourt, pour 45 ans de bons services dans

A Champagne.

même maître et 12 chez un autre.

3.e : Une mention honorable à Haniel (Pierre), batteur chez M. Rabourdin, à Villacouplay, pour 24 ans de bons services, dont 18 sans interruption.

A Grignon.

la même ferme.

3.e : Une médaille en argent et 50 francs, à Ribaut (Louis), batteur chez M. Fournier, à Athis, pour 26 années de bons services dans la même ferme.

4.e : Une mention honorable à Mallet (Honoré), âgé de 36 ans, batteur chez M. Henaut, pour 24 ans de bons services dans la même ferme.

SERVANTES DE FERME.

A Champagne.

1.er Prix : Une médaille en argent et 60 fr., à Legrand (Marie-Geneviève), à Arnonville, pour 40 ans de bons services dans la même maison, sa probité, son rare dévouement à madame Poiret, sa maîtresse, en 1793 et 1794.

2.e : Une médaille en argent et 60 fr., à Desbeux, (Geneviève), servante de

A Grignon.

Une médaille en argent et 60 fr., à Tressin (Geneviève), servante de ferme chez M. Notta, à Montigny, pour 11 années de service dans la même ferme, et son attachement pour ses maîtres.

A Champagne.

ferme chez M. Pigeon, fermier, à Palaiseau, pour 28 ans de bons services dans la même maison, et sa piété filiale envers sa mère.

5.° : Une médaille en argent et 60 fr., à Berthau (Victoire), servante de ferme chez M. Empereur, à Orsay, pour 16 ans de bons service dans la même ferme, sa bonne conduite et sa moralité.

A Grignon.

VACHERS.

A Champagne.

Une médaille en argent et 75 francs, à Meunier (Pierre-Cyrille), vacher chez M. Lefebvre, à Sainte-Escobille, pour 19 années de bons services, dont 12 dans la même maison.

A Grignon.

Le jury de moralité considérant qu'au concours de Grignon il n'y a aucune demande pour des vachers, et que M. Rabourdin, cultivateur à Villacouplay, présente un homme dont les services rendus ne sont pas compris dans ceux que récompense le comice, mais cependant rendus dans une exploitation rurale ; décerne :

A Champagne.

A Grignon.

Une médaille en argent et 50 fr., à Lebœuf (Louis), âgé de 35 ans, ouvrier chez M. Rabourdin, de Villacouplay, pour 15 ans de bons services dans la même ferme.

HABILETÉ DES LABOUREURS.

Vingt charrues ont concouru pour l'habileté des laboureurs, à Champagne et à Grignon.

LES PRIX SUIVANTS ONT ÉTÉ DÉCERNÉS.

A Champagne.

1.er Prix : 50 fr., à Delaroche, charretier chez M. Guerton, à Vert-le-Grand : charrue de pays avec grandes roues.

2.e : 45 fr. à Louis, charretier chez M. Tetard, de Mortière : charrue tourne-oreille, de France.

3.e : 40 fr. à Desplaces, charretier chez M. Prevost : charrue du pays.

4.e : 35 fr. à Boucher, charretier chez M. Ducrocq, à Roissy : charrue double, ouvrant deux raies à la fois.

A Grignon.

1.er Prix : 50 fr. à Beliard, charretier chez M. Petit, de Champagne : charrue Pluchet.

2.e : 45 francs à Trapes, charretier de Grignon : araire, *idem*.

3.e : 40 fr. à Bourgevin, charretier de M. Dailly, de Trappes : charrue Pluchet.

4.e 35 fr. à Dornel, charretier chez M. Derevaux : charrue Pluchet.

A Champagne.

5e : 30 fr. à Seguin, charron à Auvernaux : charrue à un cheval, modifiée.

6.e : 25 fr. à Deschamps, charretier de M. Pluchet, de Trappes : charrue Pluchet, à un cheval.

7.e : 20 fr. à Braut, charretier de M. Degeneté : charrue ancienne, modifiée.

A Grignon.

Il résulte de ces concours que, sur onze prix décernés, cinq ont été obtenus avec la charrue Pluchet, deux avec l'ancienne, un avec la charrue tourne-oreille, un avec l'araire de Grignon, un par la charrue ancienne, modifiée par M. Degeneté, de Guyancourt; un par la charrue double de M. Ducrocq, de Roissy.

CHEVAUX.

Seize chevaux ont été présentés aux concours de Champagne et de Grignon. A l'exception de trois, ils étaient tous de luxe.

Les prix suivants ont été décernés :

A Champagne.

1.er Prix : Une médaille en or à M. F. Pigeon, à Palaiseau, pour un cheval

A Grignon.

1.er Prix : Une médaille en or à M. le comte d'Osmond, pour un cheval de

A Champagne.

de pur sang, et à titre d'encouragement.

2.e : Une médaille en bronze à M. Dausier, pour un cheval de trait.

3.e : Une médaille en bronze à M. Hauducœur, pour une jument de l'espèce des chevaux de diligence, ayant un élève à sa suite.

A Grignon.

pur sang : *le Candide.*

2.e : Une médaille en bronze à M. le comte d'Osmond, pour un cheval de pur sang : *le Huron.*

5.e : Une mention honorable à M. le vicomte de Case, pour une jument de pur sang : *la Vitesse.*

4.e : Une mention honorable à M. Mutel, pour un cheval de demi-sang : l'*Oscar.*

MOUTONS.

Sept lots de moutons, béliers et brebis, ont été présentés aux concours de Champagne et de Grignon. Cinq lots étaient composés de mérinos, un de moutons anglais de Leycester et un d'Anglo-Picards. Deux autres lots ont été amenés des départements voisins ; ils ne pouvaient concourir. L'un était composé de béliers appartenant à M. Graux, de Mauchamps, département de l'Aisne, couverts d'une laine qu'il appelle laine-soie, due à une variété de mérinos produite par hasard et multipliée ensuite ; l'autre composé de béliers du troupeau de Naze, d'une finesse remarquable, mais d'une petite taille.

Les prix suivants ont été décernés :

A Champagne.

Le jury pour les moutons a décidé, en ce qui concerne les mérinos, qu'aucun des concurrents n'ayant rempli les conditions auxquelles il a pensé que le premier prix devait être adjugé, c'est-à-dire la réunion de la finesse et des autres qualités de la laine, de la taille et de la bonne conformation des animaux, il n'y aurait rien à décerner que deux médailles en bronze :

L'une à M. Boullenois, de Valenton, qui a présenté des moutons dont la laine est de la plus grande finesse ;

L'autre à M. Lefebvre de Sainte-Escobille, pour la taille extraordinaire et la belle conformation des animaux qu'il a présentés. Quant aux moutons à longue laine, le jury a regretté qu'un seul troupeau de race pure Leycester aît été pré-

A Grignon.

Le jury, après avoir examiné avec le plus grand soin les deux troupeaux qui ont été présentés au concours, a décidé que le troisième prix, consistant en une médaille en bronze, serait décerné à M. Guignard, et une mention honorable à M. le duc de Maillé.

Le jury regrette bien sincèrement que le département de Seine-et-Oise, qui possède un aussi grand nombre de troupeaux distingués, n'en ait pas offert davantage au concours.

A Champagne.	*A Grignon.*
senté ; et considérant que ce troupeau ne possède pas toutes les qualités exigées dans la laine longue, a été d'avis d'adjuger le second prix consistant en une médaille en bronze, à M. Duverger, de la Faisanderie.	

VACHES.

Huit vaches et un taureau ont été présentés au concours de Champagne ; il n'y en a pas eu à Grignon. Ces vaches étaient du pays, et croisées normandes et suisses.

Les prix suivants ont été décernés :

1.er Prix : Une médaille en or à M. de Villeneuve, à Satory, pour une vache croisée suisse et cotentine.

2.e : Une médaille en bronze à M. de Cauville, au Bois-Briand, pour une vache de race normande.

3.e : Une médaille en bronze à M. Empereur, à Orsay, pour une vache de 2 ans, de race normande.

Le jury mentionne honorablement une vache de 4 ans, appartenant à M. Deroullée, et une de 2 ans, appartenant à M. Montessui.

INSTRUMENTS ARATOIRES.

CHARRUES.

Dix charrues ont été présentées au concours de Champagne; toutes avaient reçu quelques améliorations; quelques-unes étaient établies sur un principet out-à-fait nouveau, telles que la charrue double de M. Ducrocq, de Roissy, et celle de M. Geffrey, de Montgeron, dont l'entrure est donnée par un mécanisme qui n'avait pas encore été appliqué à cet usage.

Six charrues ont été présentées au concours de Grignon; une seule avait déjà paru à Champagne. Trois de ces charrues étaient des tourne-oreilles, et appartenaient à des cultivateurs et charrons du département de l'Aisne, une autre à un charron de la Seine.

Les prix suivants ont été décernés.

A Champagne.

1.er Prix : Une médaille en or à M. Ducrocq, de Roissy, pour une charrue ouvrant deux raies à la fois.

2.e : Une médaille en argent à M. Séguin, à Auver-

A Grignon.

1.er Prix : Une médaille en or à M. Guilland-Dupont, du département de l'Aisne, pour une charrue tourne-oreille, dont le versoir se change de droite à gauche par un seul mouvement

A Champagne.

naux, pour une charrue Pluchet, modifiée, fonctionnant avec un cheval.

3.e : Une médaille en argent à M. Geffrey, de Montgeron, pour une charrue de son invention.

4e : A M. Guerton, des Noues, une médaille en argent, pour une charrue ancienne, modifiée dans presque toutes ses parties.

A Grignon.

et sans qu'il soit besoin d'arrêter les chevaux.

2.e : Une médaille en argent à M. Paris, de Saint-Quentin, pour une charrue à tourne-oreille, fonctionnant comme la précédente, mais moins régulièrement.

3.e : Une médaille en argent à M. Rabourdin, de Villacouplay, pour un charrue modifiée dans son mode d'étrempage.

INSTRUMENTS DIVERS.

Il a été présenté à Champagne, par M. Rose, fabricant à Paris :

Une machine à battre ;
Un hache-paille ;
Un coupe-racine ;
Un moulin à concasser les grains ;
Un moulin à écraser les pommes.

Il a été présenté à Grignon :

Le semoir de l'établissement, semant des lignes parallèles au moyen de cuillères mises en mouvement par l'axe des roues du semoir, et se vidant dans des tubes terminés par un rayonneur suivi d'un petit râteau.

Le rouleau de M. Erambert : c'est un rouleau de bois entouré par des barres de fer. Ce rouleau se décompose en deux. Ces deux instruments n'ont pas concouru : le premier, parce qu'il appartenait à la ferme de Grignon, et le second, parce que le propriétaire n'avait pas prévenu à l'avance MM. les jurés.

Les prix suivants ont été décernés :

A Champagne.	*A Grignon.*
Une médaille en or à M. Rose, fabricant à Paris, pour les divers instruments qu'il a présentés et le zèle qu'il met à les améliorer.	

Il n'y a pas eu de concurrence pour les prix de nouvelle culture et de meilleure culture, malgré leur importance qui aurait dû déterminer plusieurs agriculteurs, dont la culture laisse peu à desirer, à entrer en lice. Leurs exemples n'auraient pu être que profitables à leurs collègues, en leur faisant connaître et apprécier des méthodes perfectionnées, et des assolements préférables à ceux usités encore généralement.

HORTICULTURE.

Ces prix n'ont été décernés qu'à Grignon.

1.er Prix : Une médaille en or à Louis Le Tessier, jardinier de M. le duc de Maillé, commune de Longpont, pour la taille des arbres fruitiers.

2.e : Une médaille en or à M. Beche, Jean-Baptiste, propriétaire, commune de Ruelle, pour la taille et la culture de la vigne en vignoble.

Mention honorable à M. Baché, *dit* Cuirassier, pour la bonne tenue de ses vignes. — A M. Cossonet de Longpont, pour la taille des arbres en espalier. — A M. Guillebout, Nicolas, garde particulier à Marcoussis, pour avoir, pendant six années consécutives, dirigé la plantation de dix-sept hectares de bois, et assuré par ses soins le succès de cette plantation.

Les dépenses du Comice pour les divers concours sont ainsi réparties :

Mobilier.	1,500 fr.	00 c.
Frais généraux.	750	05
Médailles, 16 or. / 40 argent. / 35 bronze. . . .	1,548	36
Primes à Champagne.	1,085	
Primes à Grignon.	880	
Dépenses de Champagne	2,869	75
Dépenses de Grignon	2,744	59
Total.	11,287 fr.	75 c.

Les recettes s'élèvent à 13,540 fr. — Il reste en caisse, le 28 août 1835, 2,252 fr. 25 c., et en outre, 84 souscriptions non encore acquittées.

Le bureau a reconnu par l'expérience acquise cette année dans les deux concours, qu'il y aura lieu de faire subir quelques améliorations au programme de 1836. Il s'empressera, lors de la réunion prochaine de MM. les délégués, de leur soumettre ses vues à cet égard.

Le bureau n'a pas pensé qu'il fût nécessaire d'adresser à MM. les membres, d'autres détails sur les concours, que ceux qui concernent spécialement la distribution des prix. Comme la grande majorité des membres a assisté à ces solennités, et a pu se convaincre de l'importance des résultats obtenus, il suffira de rappeler les principaux faits.

Le concours de Champagne, près de Paris, a été plus nombreux que celui de Grignon ; on peut évaluer à 15,000 le nombre des personnes présentes ; le meilleur ordre a constamment régné, et cette immense réunion offrait l'ensemble d'une fête de famille. Malgré la grande affluence de monde, aucun dégât n'a été commis dans les champs environnants, et ce résultat déterminera sans aucun doute les propriétaires à offrir leurs terres pour champ d'épreuve. Ils ne feront que suivre en cela le noble exemple qui leur a été donné par M. Petit.

Le concours de Grignon, honoré de la présence de M. le duc d'Orléans, qui, pénétré de l'importance du comice, s'est fait inscrire au nombre des souscripteurs, a offert à l'attention des cultivateurs les résultats d'une culture perfectionnée. Ils ont pu juger par l'inspection des récoltes, si les procédés et assolements d'agriculture alterne, méritent d'obtenir la préférence sur le mode de culture pratiqué généralement. Ils ont pu s'assurer combien les bêtes à cornes peuvent prospérer sans être mises en liberté, pourvu qu'elles aient toujours une nourriture saine et abondante à l'étable, et qu'elles soient d'une bonne race. Ainsi, indépendamment des exemples d'instruments et d'animaux perfectionnés, le concours de Grignon offrait encore ceux des bons assolements, et d'une tenue de livres propre à rendre un compte fidèle des profits ou des pertes des récoltes diverses.

Espérons que ces améliorations agricoles trouveront des imitateurs parmi les personnes qui ont assisté aux concours avec le véritable désir d'augmenter leur instruction, et de profiter de l'expérience des autres.

Le bureau ne peut mieux terminer ce compte-rendu, qu'en remerciant MM. les jurés et MM. les commissaires, de l'empressement qu'ils ont mis à remplir la mission qui leur a été confiée; il se plaît à reconnaître que c'est à leurs soins qu'est dû l'entier succès des concours.

Le comice agricole de Seine-et-Oise a suivi l'exemple qui lui a été donné par celui de Seine-et-Marne, il a été heureux dans ses débuts. M. le préfet a favorisé cette institution naissante ; il a prévu quels avantages l'agriculture du département en pouvait retirer, et a appelé sur elle l'attention du gouvernement. Des fonds ont été accordés par M. le ministre du commerce. Le conseil général, de son côté, en a voté également. La société d'agriculture de Seine-et-Oise, qui s'est intéressée à la formation du comice et dont un grand nombre de membres s'est fait inscrire parmi les premiers souscripteurs, l'a également aidé de ses fonds.

C'est par ces nombreuses allocations et par les souscriptions de ses membres, que le comice a été à même de donner aux concours un éclat et une publicité inusités jusque-là, sans négliger le but de leur formation.

Ces fêtes agricoles auront atteint leur but si, comme tout le fait espérer, elles contribuent aux progrès de la science, à cimenter l'union et multiplier les rapports entre tous ceux qui exploitent le sol, à donner aux jeunes gens le goût de la vie des champs; si elles encouragent le perfectionnement des instruments aratoires, l'amélioration des races de bestiaux, l'introduction des cultures nouvelles, et sur-tout si dans un des plus beaux départements du royaume, elles parviennent à mettre en honneur et en pratique, les exemples de moralité, de fidélité et de dévouement, parmi les agents immédiats de tous les travaux agricoles.

— Aubernon; — comte de Fitte; — baron Mallet; — baron de Vincent; — Bouchard, Auguste; — Bourgeois; — Bella; — Soulange-Bodin; — de Cauville.

DISCOURS

DE M. AUBERNON,

PRÉFET DE SEINE-ET-OISE, PRÉSIDENT HONORAIRE DU COMICE,

Au concours de Champagne.

MESSIEURS,

Les divers jurys du concours nous ont remis leurs jugements : nous allons proclamer les noms de ceux qui ont bien mérité de l'agriculture, et qui sont dignes de recevoir les éloges et les encouragements du Comice.

Le Comice, vous le savez, a pour objet l'utilité, le perfectionnement, la prospérité de l'agriculture, de cette noble industrie qui assure plus que toute autre aux hommes du travail, de la sécurité et de l'indépendance, et qui est la base du bien-être et de la puissance de notre pays.

Il désire rapprocher les cultivateurs, mettre en communauté toutes les expériences, et répandre, dans toutes les parties de ce beau département, les vertus, les lumières et les pratiques dont l'agriculture a besoin pour devenir de plus en plus florissante.

Tel est le but des prix et des médailles que vous voulez décerner aux vertus et à l'habileté des divers agents de l'agriculture, à l'amélioration des races d'animaux, au perfectionnement des instruments, et à l'introduction des meilleurs procédés de culture.

Votre expérience vous enseigne que les inventions les plus brillantes sont moins utiles encore à l'agriculture que les bonnes mœurs des laboureurs, des bergers, des charretiers; de tous ces hommes dont les bras remuent la terre, dont l'intelligence vivifie vos entreprises, et qui, par leur activité, leur expérience et leur fidélité, peuvent plus ou moins faire prospérer les travaux agricoles. Ce sont eux que vous appelez les premiers pour être honorés devant tous; vous voulez leur apprendre que les qualités les plus modestes et les plus ignorées, ont droit à l'estime publique, et que le même intérêt doit rallier et unir ceux qui travaillent et qui font travailler. Vous serez facilement compris de tous. Grâce à vos encouragements, l'ouvrier redoublera de constance, d'assiduité et de bonne conduite; il jugera que son véritable intérêt est de s'attacher de plus en plus à l'établissement où il est élevé, d'y jouir de l'estime de ses chefs, d'y recueillir avec suite les économies qui peuvent le rendre moins dépendant du travail, de s'y préparer, si le sort lui est contraire, un refuge et des soins pour ses vieux jours. Le cultivateur s'empressera aussi d'éclairer, de protéger, de récompenser les hommes qu'il emploie, et de les traiter avec cette bienveillance et cette justice qui captivent la confiance et font toujours naître l'affection. Cet ainsi qu'en même temps que vous propagerez les lumières et les inventions utiles, vous ferez un bien encore plus précieux : vous conserverez dans les cœurs ces sentiments simples et purs, si convenables à la vie des champs et à la véritable fraternité qui doit régner entre tous les hommes occupés des mêmes travaux, et soumis à la même destinée.

Vous aurez aussi à vous féliciter, avec le temps, des encouragements que vous voulez donner aux cultivateurs, pour perfectionner l'éducation des diverses races d'animaux. Les chevaux, les bœufs, les vaches, les moutons, sont les éléments de la force matérielle, et la source des engrais dont l'agriculture a besoin ; sans eux, la terre deviendrait inféconde, et l'homme serait exposé à manquer de nourriture et de vêtements. Et quels développements immenses ont encore à recevoir en France les races de chevaux pour suffire à tous les besoins publics et privés, et les races de bétail, pour assurer la reproduction des fruits de la terre, et l'amélioration de la nourriture des classes laborieuses !

Il en est de même de la perfection des instruments agricoles et des divers modes de culture. Chaque année vous fera connaître et récompenser quelque tentative nouvelle et quelques heureux essais. L'habitude de ces concours deviendra plus familière ; l'émulation s'étendra parmi les cultivateurs ; les grands établissements se présenteront à votre jugement et vous aurez à offrir, comme dans les temps antiques, la palme de la culture au plus habile et au meilleur agriculteur du département.

La France, messieurs, abonde en hommes riches, éclairés et actifs; en artisans et en ouvriers pleins d'invention et d'habileté. Nous avons entrepris et exécuté individuellement de grandes choses; mais presque partout encore l'intérêt privé nous aveugle, nous isole et nous abandonne à la faiblesse des ressources et des facultés des simples individus. Nous n'avons point encore essayé de la puissance merveilleuse des associations; nous n'avons pas encore pris l'habitude d'avoir des intérêts communs, et d'exécuter ensemble ce qu'il nous serait impossible de tenter seuls. Rapprochons-nous, unissons nos ressources, messieurs, et nous verrons se développer en France les trésors immenses d'une prospérité nouvelle.

Notre association donnera, nous l'espérons, cet utile exemple. Elle établira des rapports de confiance et d'amitié entre tous les cultivateurs du département; elle portera dans chaque arrondissement le mouvement et la vie; c'est pour elle un heureux augure de confondre aujourd'hui, dans sa première solennité, la fête de l'agriculture et celle du Roi qui la protége si bien par la liberté, la paix, et les encouragements qu'elle en reçoit.

Le succès de notre premier concours, la rapidité avec laquelle plus de 300 souscripteurs se sont réunis, l'affluence nombreuse et brillante qui est venue embellir cette fête rurale, et applaudir à nos efforts, nous offre pour l'avenir les plus heureuses espérances, et nous permet de croire que le bien que nous voulons faire pourra se réaliser au gré de nos souhaits!

DISCOURS

DE M. DE FITTE,

PRÉSIDENT DU COMICE,

Au concours de Grignon

MESSIEURS,

L'un des ministres les plus habiles et des hommes les plus éclairés dont notre patrie s'honore, appelait le *pâturage* et le *labourage*, les deux mamelles de la France : c'est qu'il avait appris avant d'être ministre, et qu'il n'avait point oublié lorsqu'il le fut, que, de tous les arts vers lesquels nous pouvons diriger notre industrie et nos travaux, l'agriculture est le meilleur, le plus utile, le plus fécond, le plus attrayant, le seul enfin qui, plaçant l'homme à toute heure entre le ciel et la terre, à toute heure aussi élève ses regards vers la source féconde où il puise le sentiment de sa dignité, et les repose sur les instruments de son indépendance.

Si l'agriculture fait la force et la gloire des États où elle prospère et où elle est en honneur, elle offre aussi d'inexprimables jouissances à ceux qui la pratiquent avec une sage et persévérante intelligence.

C'est par elle que l'on apprend ce que valent l'homme et la terre, richesses premières prodiguées par la faveur céleste à notre belle France, plus digne encore d'un tel bienfait depuis que ses institutions s'appuient sur tous les genres de connaissances et de lumières, pour en mettre les avantages à portée de quiconque veut s'en saisir.

Position topographique, fécondité du sol, beauté du climat, variété infinie des productions; jamais combinaisons plus heureuses ne vinrent s'offrir à l'alliance du travail, de l'industrie et de la science.

C'est pour en recueillir les fruits, que des sociétés patriotiques et savantes se sont établies partout, que partout elles ont rivalisé de zèle et d'ardeur, pour détruire les préjugés, combattre les mauvaises routines, introduire les meilleures méthodes, multiplier et perfectionner les instruments à l'usage des cultivateurs.

Ici nous sommes heureux de nommer l'institution royale de Grignon, son chef vénérable et savant, ses professeurs habiles, ses laborieux élèves. Plus intéressée qu'aucune autre à leurs travaux et à leurs succès, l'agriculture entière du département est venue s'y associer aujourd'hui, et joindre aux palmes méritées, un témoignage unanime et solennel d'estime et d'affection.

Encourager les cultures nouvelles, féconder les anciennes, propager l'éducation des bestiaux, améliorer les races, indiquer les soins hygiéniques les plus salutaires, élever des constructions plus vastes et plus saines, multiplier les fourrages et les engrais, varier les systèmes d'assolements, d'irrigations et de plantations, accréditer les longs baux, démontrer l'importance des bonnes communications vicinales, appliquer aux établissements ruraux l'esprit d'ordre et de bonne comptabilité dont tous les autres genres d'industrie leur donnent l'exemple : tels ont été depuis un demi-siècle les efforts constants, toujours louables, souvent heureux des hommes voués aux progrès de la science agricole.

L'institution des Comices, fruit heureux de cet esprit d'association vers lequel le monde intellectuel gravit irrésistiblement, lui donnera une impulsion plus directe et plus active encore.

C'est ici que les praticiens les plus habiles concentreront dans un seul foyer les lumières jaillissantes de mille expériences isolées faites sur autant de terrains différents.

On y verra les meilleurs exemples de bonne culture offerts par ceux-là mêmes dont les bras rendent au sol, avec usure, toute la fatigue qu'il leur coûte.

En constatant leurs efforts, en récompensant et publiant leurs succès, on donnera aux théories utiles mises en pratique, toute la puissance de faits démontrés, et l'imposante autorité des résultats acquis.

Ce n'est pas tout, les agents immédiats de la culture,

rejetons robustes de ce grand arbre populaire, qui tient au sol par des racines aussi profondes que ses rameaux sont nombreux; commis de ferme, laboureurs, bergers, pâtres, batteurs, faucheurs, filles et femmes de peine, trouveront au milieu de ceux qui les emploient les récompenses dues à la persévérance de leurs travaux, à leur fidélité, à leur probité, à cet attachement exemplaire qui fait compter les anciens ouvriers d'une exploitation rurale, au nombre des membres les plus utiles et les plus estimés de la famille.

De la famille, les encouragements s'étendront à la commune; toutes les industries, toutes les inventions ou les perfectionnements applicables aux besoins et aux usages de la culture viendront se faire apprécier et juger dans vos concours, et devront leur réputation et leur crédit à la bonne opinion née des expériences provoquées par vous, et aux prix solennellement décernés aux plus utiles et aux plus habiles.

De la famille à la commune, et de la commune au pays, les effets sont infaillibles et la marche naturelle et régulière. La protection éclairée du gouvernement ne manquera point de la favoriser, l'héritier du trône s'est plu à venir vous la garantir lui-même, et déjà vous en avez la preuve dans le concours et les efforts personnels du premier magistrat du département.

Messieurs, s'il est vrai que le travail seul constitue une nation, parce que lui seul rend l'homme indépendant, lorsque cette nombreuse population des campagnes, lorsque tous ces hommes d'ordre et de labeur, de libre, mais productive intelligence s'entendront entre eux, et avec eux les chefs de l'état, pour rendre le sol plus riche et le pays plus prospère, force sera qu'ils le deviennent en effet, et que les espérances, les illusions mêmes de tant de gens de bien, se convertissent pour tous les citoyens en fécondes réalités.

DISCOURS

DE M. BELLA,

Directeur de l'Institut de Grignon.

Mon Prince,

L'institution agronomique de Grignon, fondée sur un domaine de la Couronne par une société d'hommes éclairés, est heureuse de pouvoir montrer aujourd'hui à votre Altesse Royale les premiers résultats des travaux par lesquels elle a cherché à remplir ses engagements envers la Couronne et envers la France.

La société fondatrice s'est efforcée d'atteindre le but qu'elle s'est proposé, en présentant des exemples de perfectionnement dans la culture, dans la fabrication des instruments, dans les constructions rurales et dans la propagation des animaux les plus utiles.

Elle se fait sur-tout un devoir de donner l'éducation agricole aux jeunes gens qui se destinent à cette carrière si utile et si honorable. Ils apprennent par cette éducation combien il importe d'unir à l'instruction spéciale d'un bon cultivateur, et à la noble indépendance de caractère que donne la vie des champs, l'amour de l'ordre, dont leurs travaux leur font sentir chaque jour le besoin, et la soumission aux lois, qui est la meilleure garantie de la liberté.

La société et le directeur de l'établissement prient votre Altesse Royale, de recevoir leurs remercîments pour l'intérêt qu'elle témoigne pour cette institution; ils espèrent qu'elle reconnaîtra, par son propre examen, que déjà quelques succès ont couronné leurs efforts, et que l'école de Grignon peut et doit, dans l'intérêt du pays, devenir, avec l'appui du gouvernement, l'école politechnique de l'agriculture.

Le Prince a répondu :

Je souhaite que cette espérance se réalise promptement, et c'est parce que j'y compte que j'ai saisi avec empressement la première occasion qui s'est offerte à moi de visiter ce bel établissement qui est confié à vos soins. Je serai heureux de m'y trouver au milieu de cette population d'agriculteurs que j'honore parce qu'elle est une des gloires de la France qu'elle a défendue de son sang pendant la guerre et qu'elle enrichit et féconde aujourd'hui par son travail. Je ne suis pas juge compétent pour apprécier les résultats de vos travaux; mais je saurai les admirer et me réjouir des progrès qui seront constatés par les hommes habiles et éclairés qu'a réunis ici cette solennité.

Aujourd'hui que la France semble destinée à un avenir de paix et de liberté, c'est sur le développement des ressources qu'elle renferme et qui s'accroîtront encore par le génie de ses enfants, que doit se fonder sa grandeur toute pacifique, et l'ambition d'y contribuer pourra peut-être réunir dans un même but tant d'opinions dissidentes.

Quant à moi, je m'associe de cœur à la pensée qui anime tous les bons citoyens qui m'entourent, et si je me vois toujours avec plaisir au milieu d'eux, c'est que je comprends et que je partage tous leurs sentiments.

LISTE SUPPLÉMENTAIRE

Des membres du Comice de Seine-et-Oise, en 1835.

MM.

Le duc d'Orléans.
Lefebvre, à Vaujour, par Livry.
Maurice, à Massy, par Antony.
Maillier, à Authouillet, par Thoiry.
Leroy, médecin, rue de la Paroisse, à Versailles.
Renaut, à Velisy.
Pommier, à Paris, rue Coquillière, *Écho des Halles*.
Bault, fils à Saint-Aubin, par Orsay.
Pareux, Victor, à Ris.
Pareux, Antoine, à Lisses, par Mennecy.
Millet, fils à Ris.
Montessui, à Juvisy, par Fromanteau.
Duval fils, à Ris.
Pareux aîné, à Lisses, par Mennecy.

MM.

Besnard, à la Monerie, par Rambouillet.
Le duc de Mortemart, à Neauphle-le-Vieux.
Le marquis de Vérac, au Tremblay, par Montfort.
Girod (de l'Ain).
Duval, A Gometz-la-Ville.
Perriot, notaire, à Corbeil.
Hénaut, à Fontenay-le-Vicomte.
Hédouin, maître de poste, à Claye.
Savouré, à Vosgien, par Chevreuse.
De Caraman, à Mantes.
De Laborde, député.
Charpentier, à Mennecy.
Guerton, à Vert-le-Grand.
Madame veuve Moreau, à Saclay.
Darblay, rue des Vieilles-Étuves, à Paris.

www.ingramcontent.com/pod-product-compliance
Ingram Content Group UK Ltd.
Pitfield, Milton Keynes, MK11 3LW, UK
UKHW020416220726
13923UKWH00004B/1988